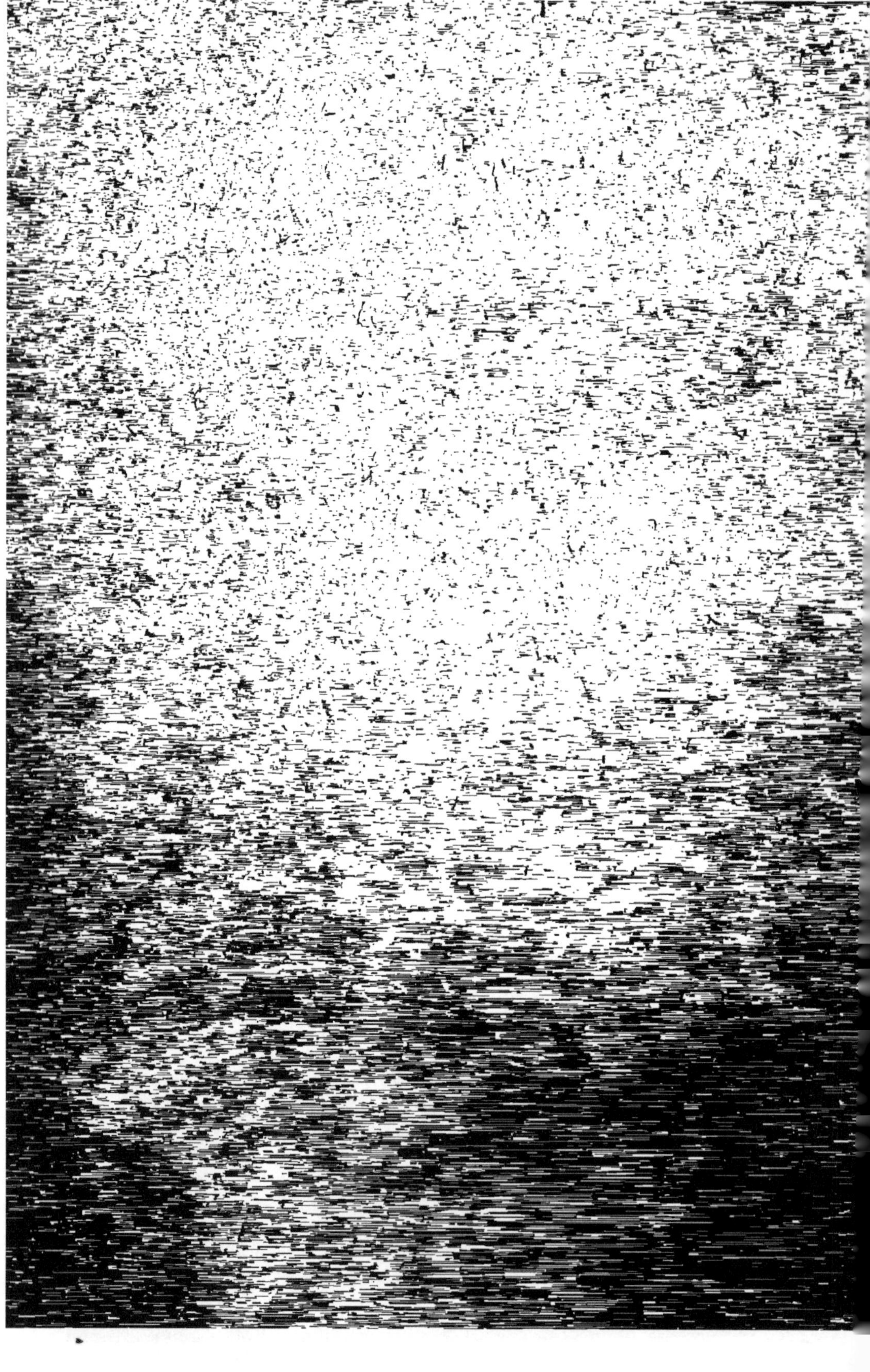

NOTE SUR L'INVENTION

DU

PROCÉDÉ BESSEMER

POUR

LA FABRICATION DE L'ACIER

PAR

M. E. DE BILLY,
INSPECTEUR GÉNÉRAL DES MINES.

PARIS.
DUNOD, ÉDITEUR,
SUCCESSEUR DE Vve DALMONT,
Précédemment Carilian-Gœury et Vor Dalmont,
LIBRAIRE DES CORPS IMPÉRIAUX DES PONTS ET CHAUSSÉES ET DES MINES,
Quai des Augustins, n° 49.

1868

Paris. — Imprimerie de Cusset et Cᵉ, rue Racine, 26.

NOTE SUR L'INVENTION

DU

PROCÉDÉ BESSEMER

POUR

LA FABRICATION DE L'ACIER

Les moyens de produire la fonte, l'acier et le fer en très-grandes masses sont d'invention moderne; la sidérotechnie, à peu près stationnaire pendant des siècles, prend, depuis environ quatre-vingts ans (*), un essor déterminé tantôt par le perfectionnement des anciens procédés, tantôt par l'invention de méthodes nouvelles, qui subissent à leur tour des perfectionnements.

L'introduction des méthodes de fabrication au combustible minéral, et surtout celle du puddlage, a fait faire un grand pas; aujourd'hui, c'est l'invention du procédé Bessemer qui vient marquer une nouvelle époque dans la métallurgie du fer.

L'importance de ce procédé, le rang élevé que tenaient à l'exposition universelle de 1867 les produits de cet ingénieux moyen de fabrication m'avaient engagé, comme membre du jury des récompenses de la classe 40, à proposer la plus haute distinction en faveur de l'inventeur, et j'ai eu la satisfaction de voir cette idée, accueillie par le jury de classe et par celui du cinquième groupe, recevoir la sanction de la commission impériale.

Amené par cette circonstance à rédiger un rapport à l'appui de ma proposition, j'avais formé le projet d'écrire,

---

(*) On sait que le traitement des minerais de fer au coke date de 1740, et que l'invention du puddlage est de 1783.

pour les *Annales des mines*, un mémoire plus étendu sur la situation actuelle du procédé Bessemer, sur les perfectionnements qu'il a subis depuis son application industrielle, sur ceux qu'il attend encore pour être d'un usage plus général, sur l'importance qu'il a acquise dans la métallurgie du fer. Et déjà j'avais mis la main à l'œuvre, quand M. Bessemer, que je ne connaissais pas alors, vint m'offrir, dans les meilleurs termes, ses remercîments au sujet de ma participation à la récompense qui lui avait été décernée. Depuis lors, il s'était établi entre nous des relations qui, soit par la conversation, soit par correspondance, ont ajouté, aux documents que j'avais tirés de différents côtés, des détails nombreux et précis sur les circonstances de l'invention, détails bien propres à donner de l'intérêt à ma notice projetée.

J'attendais encore quelques renseignements complémentaires lorsque parut le beau travail de M. l'inspecteur général Grüner (*), où les considérations techniques et scientifiques, concernant le nouveau procédé, sont exposées d'une manière si claire et si complète qu'en y revenant aujourd'hui, je m'exposerais à des répétitions dénuées d'intérêt. Dès lors, il m'a paru préférable de modifier la forme de ma notice, et de me borner aux détails historiques relatifs à l'invention, et dont aucune publication n'avait encore parlé.

Mais antérieurement déjà, MM. Grüner et Lan avaient décrit le procédé Bessemer dans leur ouvrage métallurgique sur l'Angleterre (**) ; plus tard, deux autres ingénieurs des mines, MM. de Cizancourt et Castel, avaient inséré dans nos *Annales*, le premier, une étude sur l'acier, où il décrit le

---

(*) Grüner : de l'acier et de sa fabrication. *Annales des mines*, 6e série, t. XII, p. 207.

(**) État présent de la métallurgie du fer en Angleterre ; par MM. Grüner et Lan. Paris, 1862).

même procédé (*), l'autre un mémoire spécial sur la fabrication de l'acier par cette méthode à l'usine de Gratz, en Autriche (**), publications très-instructives auxquelles, ainsi qu'au mémoire récent de M. Grüner, nous renvoyons pour les détails techniques et industriels.

Il n'est pas sans intérêt de suivre dans leurs phases diverses, dans leurs développements, les idées et les faits qui ont abouti à une grande découverte, de parcourir avec l'inventeur la voie souvent bien irrégulière qui l'a conduit au succès. Plus d'une fois on a vu un chercheur ingénieux, poursuivant la réalisation d'une idée, ne pas atteindre ce but, mais trouver, *à côté*, ce qui était bien loin de sa pensée, et arriver à un résultat dépassant de beaucoup en importance la solution du problème qu'il s'était proposé.

L'invention du procédé Bessemer en est un curieux exemple.

M. Bessemer se trouvant à Paris vers la fin de 1854, entretint l'un de ses amis, sans d'ailleurs y attacher de l'importance, d'une invention permettant d'imprimer le mouvement de rotation à un projectile de forme allongée dans un canon à parois lisses, ajoutant qu'il avait été fort étonné de ce que les autorités de l'arsenal de Woolwich ne l'avaient pas jugé digne d'être soumis à l'épreuve.

Cet ami, persuadé que l'empereur des Français trouverait intérêt à connaître l'invention, sollicita et obtint en faveur de M. Bessemer une audience de Sa Majesté qui, après avoir écouté l'inventeur, n'hésita pas à lui dire que s'il désirait mettre son invention en pratique à Vincennes, il y trouverait toute espèce de facilités. Mais M. Bessemer, craignant les difficultés à naître de son peu de connaissance de la langue française, sollicita une seconde audience de l'empe-

(*) De Cizancourt. Étude sur l'acier, *Annales des mines*, 6e série, t. IV, p. 225.

(**) Castel. Fabrication de l'acier par le procédé Bessemer à l'usine de Gratz, *Annales des mines*, 6e série, t. VIII, p. 149.

reur, afin d'informer Sa Majesté de ses hésitations et d'obtenir d'elle l'autorisation de fabriquer les projectiles dans son propre établissement de Londres. Non-seulement l'empereur y accéda, mais il ajouta qu'il entendait prendre à sa charge les frais que cette manière d'opérer occasionnerait à M. Bessemer (*). Et, en effet, peu de jours après, ce dernier, retourné à Londres, reçut de M. le duc de Bassano une lettre de crédit sur MM. Baring et compagnie, par laquelle, sans même limiter la somme, les essais devaient être couverts aux frais de la cassette impériale.

M. Bessemer ne mit aucun délai à confectionner un certain nombre de projectiles destinés à des canons de 12 à 30 livres ; il les transporta à Vincennes. L'épreuve faite un jour de grande neige, dans la deuxième quinzaine de décembre, donna lieu à un si singulier mélange de réussite à certains égards, et d'insuccès à d'autres, que le résultat final resta tout à fait incertain. Plusieurs coups avaient donné lieu à une rotation parfaite, mais l'emploi d'un projectile allongé pesant 90 livres, dans une pièce de 30, avait causé un effet de recul jugé dangereux, et une action sur la pièce même, dont la puissance pouvait amener de graves inconvénients.

Le commandant Minié, chargé de suivre ces expériences, déclara que, tout en admettant la possibilité d'obtenir une rotation, de tels projectiles ne pourraient servir qu'avec des canons plus résistants.

Bien que cette déclaration dût faire considérer à M. Bessemer son invention comme impraticable, elle n'en fit pas moins impression sur son esprit, et elle le dirigea dans la

---

(*) *His Majesty the Emperor not only acceded to my request but with a thoughtful kindness which I can never sufficiently appreciate, remarked that I should in this case be put to some personal expense which he would not permit, and said His Majesty, I will see that arrangements are made to meet the cost of your experiments.* (Lettre de janvier 1868.)

voie d'une autre recherche, celle des moyens d'obtenir un métal plus résistant pour la fabrication des pièces d'artillerie.

Il retourna en Angleterre, me dit-il, très-partagé entre l'espoir et le désappointement, qui, après s'être balancés pendant quelque temps dans son esprit, amenèrent finalement la détermination d'entreprendre avec énergie de nouvelles recherches, auxquelles il fit servir tout ce que, en sa qualité d'ingénieur pratique, il avait appris sur la nature et la fabrication de la fonte, du fer et de l'acier. Mais le savoir industriel lui faisant défaut, il se mit à l'étude avec la plus grande ardeur, lisant les ouvrages sur la matière, visitant les forges anglaises, cherchant, par tous les moyens dont il disposait, à posséder complétement la théorie de la fabrication du fer.

Peu à peu, il se forma sur cette fabrication des opinions personnelles qui n'étaient pas toujours d'accord avec les théories admises ou établies par les auteurs dont il avait étudié les ouvrages, et il construisit à Baxterhouse (Londres), sa résidence d'alors, un petit fourneau dans lequel il chercha le perfectionnement que l'on pourrait obtenir en mélangeant une fonte fortement carburée avec de l'acier cémenté. C'était un four à réverbère, sur la sole duquel il fondit les deux métaux avec adjonction de laitiers siliceux, afin de protéger le bain métallique contre l'action de l'air et des autres gaz qui passeraient sur la surface.

Les nombreuses difficultés que rencontra M. Bessemer dans ces expériences lui imposèrent, à plusieurs reprises, des modifications, même la reconstruction complète de son four. Toutefois, après huit à neuf mois d'essais, il obtint, par la fusion du mélange métallique, un petit canon qui, après tournage et forage, était aussi brillant que s'il avait été d'acier. Les petits copeaux de ce métal obtenus au tour étaient de couleur blanche et différents des copeaux ternes, poudreux et de couleur foncée que donne la fonte. Quant à la ténacité du métal, elle était presque double de celle de la fonte ordinaire.

Confiant dans ce résultat, M. Bessemer se hâta de mettre son canon sous les yeux de l'empereur; et se conformant au désir exprimé par Sa Majesté, il se rendit à la fonderie de canons de Ruelle, près Angoulême, où il choisit un emplacement pour la construction d'un four destiné à la continuation des essais.

On ne saurait s'étonner de la persistance d'un Anglais au perfectionnement de l'artillerie française, si l'on se rappelle qu'à cette époque les drapeaux de la France et de l'Angleterre flottaient glorieux et confondus dans la presqu'île de Crimée.

Les dessins du four projeté furent aussitôt exécutés par l'inventeur, et les matériaux de construction tels que briques réfractaires, fers d'armatures, etc., furent envoyé d'Angleterre. Sur ces entrefaites, M. Bessemer construisit à Londres un four identique avec celui de Ruelle, tous deux beaucoup plus spacieux que celui où l'on avait fait les premières expériences. Mais ces grandes dimensions amenèrent de nouvelles difficultés, et pendant que l'on achevait le four en France, M. Bessemer se prit à désespérer de pouvoir jamais fondre, dans un four ouvert, la quantité d'acier de cémentation nécessaire au mélange avec les quatre cinq tonnes de fonte exigées pour produire un canon. Il ne s'arrêta pas cependant en cette pénible situation de doute et d'incertitude, conservant toujours l'espoir d'une solution vainement attendue jusqu'alors.

Les essais de projectiles et les matières envoyées à Ruelle avaient coûté 10 500 francs, dont 10 000 prélevés sur crédit ouvert par l'empereur; il en fut rendu compte, l'affaire en resta là pour le moment.

Toutefois, le métal obtenu avec un mélange de fonte d'acier pouvait déjà passer pour un résultat, car il avait de si bonnes qualités que, parvenu aujourd'hui à tenir en f sion des quantités d'acier extrêmement considérable, M. Bessemer produit encore dans son usine ce mélange parfaitement propre à divers usages, dont plusieurs assez importants, tels que marteaux à forger l'acier, têtes de pilons destinés au bocardage des quartz aurifères de l'Australie, etc.

De tels marteaux employés dans l'usine Bessemer à Sheffield ont cinq à six fois la durée de ceux en fonte.

M. Bessemer fait observer, à cette occasion, que le mélange de fer très-carburé avec de la fonte décarburée produit, à la fusion, un métal tout à fait différent de celui qu'on obtient en traitant ensemble la masse entière, sans décarburation préalable, jusqu'à obtenir la même proportion de carbone par le traitement.

Ce dernier mode de procéder donne un métal aigre et dur, tandis que l'autre produit un métal extrêmement tenace, se laissant bien travailler à la lime et au ciseau, auquel le tour enlève des copeaux blancs et bouclés comme ceux du petit canon soumis à l'empereur.

L'essai dont nous venons de rendre compte, et dans lequel on reconnaît le principe d'un affinage par réaction, ou de la méthode de fabrication de l'acier au four à réverbère, décrite, en 1812, par Hassenfratz (*), n'était donc pas resté tout à fait stérile; toutefois, on était encore loin du but.

Cependant un temps précieux s'écoulait, les frais devenaient considérables, mais en même temps le sujet semblait grandir à mesure qu'on avançait, car M. Bessemer avait compris qu'il s'agissait, non pas d'un intérêt de détail dans une industrie accessoire, mais bien d'un perfectionnement d'importance majeure dans la grande fabrication du fer, perfectionnement bien autrement précieux pour les arts de la paix, que l'aurait été pour la guerre celui qui avait été le point de départ des expériences.

(*) Hassenfratz, *Sidérotechnie*, t. IV, p. 93 à 95.

A cette époque, M. Bessemer, dans la continuation persévérante de ses travaux, s'engagea dans une voie pratique différente de celle qu'il avait suivie jusqu'alors; elle lui était indiquée par l'impossibilité de liquéfier dans un four ouvert de grandes masses d'acier.

Comparant au fer la plupart des métaux employés dans l'industrie, il les voyait fusibles à l'état de pureté. capables d'être coulés parfaitement homogènes dans des moules, susceptibles alors d'être forgés, laminés, étirés de toute manière sans renfermer aucun mélange mécanique de matières étrangères, tandis que le fer, dès qu'il est privé de la faible proportion de carbone dont la combinaison constitue la fonte, ne peut plus être maintenu liquide dans des fours ouverts, et se solidifie dans l'acte même de la purification, formant alors des petits grains au milieu des scories de l'affinage. Et ces corps étrangers, dont le fer ne peut être complétement débarrassé, sont la cause de nombreuses imperfections qui ne sont pas inhérentes au métal. C'est ainsi qu'il ne peut développer toute sa ténacité, ses molécules étant séparées les unes des autres par des substances beaucoup moins tenaces, et qu'on ne peut en former de grandes masses sans avoir recours à une opération généralement imparfaite, le soudage d'un certain nombre d'éléments de petite dimension.

Ces réflexions firent bientôt comprendre à M. Bessemer que le grand problème à résoudre dans la fabrication du fer était la purification complète du métal à l'état liquide et la production de grandes masses homogènes que l'on verserait dans des lingotières soit à l'état de fer doux malléable complétement décarburé, soit à l'état plus ou moins voisin de l'acier et renfermant des proportions variables de carbone, ce dernier provenant de celui qu'on y aurait laissé, augmenté de celui qu'y aurait introduit une certaine quantité de fer fortement carburé, ajoutée vers la fin de l'opération.

Mais comment y parvenir?

M. Bessemer avait appris à ses dépens que la chaleur la plus intense d'un four à réverbère était insuffisante pour la fusion de l'acier en masses considérables, et, dans l'emploi des creusets, on était limité, soit par la faiblesse des dimensions, soit aussi par celle de la température.

Différents moyens de résoudre la question furent bientôt imaginés par M. Bessemer, et successivement abandonnés, quand il lui parut que l'emploi de l'air atmosphérique était le seul moyen pratique de conduire à la véritable solution du problème, parce que les substances étrangères contenues dans la fonte sont oxydables, et que l'acte de la combinaison du carbone avec l'oxygène de l'air amènerait nécessairement une forte augmentation de température.

Ce néanmoins il restait encore place à l'hésitation, car on pouvait craindre que la presque infusibilité du fer malléable par les moyens industriels connus n'amenât la solidification de la masse avant la parfaite épuration du métal.

Après plusieurs semaines passées dans le doute et l'incertitude, la confiance dans le principe prit le dessus, et M. Bessemer résolut de le soumettre à l'expérience.

Il construisit alors, sur ses propres dessins, un four et une soufflerie; le convertisseur était un simple cylindre placé verticalement, garni à l'intérieur d'argile réfractaire, ayant à la partie inférieure six tuyères horizontales distribuées sur le pourtour, et à sa partie supérieure un orifice de 4 pouces anglais de diamètre.

Le jour impatiemment attendu de l'expérience étant arrivé, M. Bessemer fit couler à peu près 7 quintaux (environ 390 kilog.) de fonte dans le convertisseur, puis il donna le vent. Un bruit sourd d'ébullition, accompagné d'un vif courant d'air chaud et de quelques étincelles sortant par l'orifice supérieur, marqua le commencement de l'opération. On avait suspendu à une chaîne, au-dessus de l'orifice, une plaque en tôle afin d'arrêter toutes les projections. A quelques minutes d'intervalle, les premières étincelles furent suivies par une petite flamme dont le volume et l'intensité allèrent croissant, et qui, réfléchie par la plaque de tôle, répandit à l'entour une très-vive lumière.

Bientôt après apparurent des projections de scories qui augmentèrent promptement, et dont la solidification à l'intérieur, diminuant de plus en plus la section de l'orifice, accrurent la violence de sortie de la flamme blanche et transformèrent l'appareil en un puissant chalumeau.

Aussi la plaque, suspendue à 1 pied (environ $0^{m}.30$) de l'ouverture, fut-elle bientôt fondue, et les scories furent projetées en l'air avec abondance, comme les gouttes d'eau entraînées par le courant dans certains appareils à vapeur.

Immédiatement après, le métal liquide, à l'état de fer malléable et incandescent, fut lancé comme l'eau d'une fontaine sur les toits des constructions voisines qu'il menaçait d'incendier. Et comme à ce moment l'approche de la vanne d'air était absolument impossible, il fallut bien laisser continuer l'opération jusqu'à ce qu'elle eût épuisé sa fureur. Le revêtement intérieur en briques se trouvait alors complètement fondu et détruit ; le peu de métal resté dans l'appareil était à la fois parfaitement liquide et totalement décarburé.

Je ne continuerai pas ce récit sans appeler l'attention sur la concordance des phases de cette opération encore fort imparfaite avec celles des opérations exécutées aujourd'hui dans les appareils les plus perfectionnés.

Sans doute le résultat de cette première expérience laissait beaucoup à désirer ; cependant M. Bessemer le considéra comme un véritable succès, puisqu'il prouvait de la manière la plus positive que la fonte liquide renfermée dans un vaisseau et traversée par un courant d'air forcé peut être, sans combustible additionnel, entièrement décarburée, et que la chaleur développée de cette manière excède de beaucoup la température à laquelle le fer malléable se liquéfie. Il y une garantie suffisante pour les résultats de nouveaux efforts à tenter en vue du perfectionnement des appareils et des détails de l'opération.

Vers cette époque, M. Bessemer, qui avait associé à son entreprise d'ingénieur son beau-frère, M. Robert Longsdon, lui offrit une part dans ses brevets, en compensation du temps que lui-même dépensait à la poursuite de son invention, et, depuis lors, cette association s'est maintenue, M. Longsdon, sans jamais désespérer du résultat, ayant suivi et soutenu son beau-frère dans la bonne comme dans la mauvaise fortune, notamment à une époque où toute l'industrie du fer en Angleterre frappait le nouveau procédé d'anathème et de ridicule. Et à différentes reprises, M. Bessemer m'a affirmé qu'il attribuait une bonne part du succès définitif au talent, non moins qu'à l'énergie de son associé.

D'après le conseil de M. l'ingénieur Rennie, alors président de l'association britannique pour l'année 1856, M. Bessemer fit, de son invention, l'objet d'une conférence publique, dont le texte, publié dès le lendemain par le *Times*, produisit dans l'industrie métallurgique une grande sensation. Le procédé, annoncé et discuté par toute la presse quotidienne, donna lieu à de nombreuses théories et à des essais non moins nombreux, car il était facile de faire passer un courant d'air au travers d'une certaine quantité de fonte liquéfiée.

Mais il était tout aussi facile de prévoir que ces essais manqueraient, et, dès lors, le procédé vanté dans l'origine, comme la plus importante des découvertes modernes, comme la merveille de l'époque (*the marvel of the age*), fut décrié comme un insuccès absolu, comme une véritable déception.

Cette époque fut pour M. Bessemer la plus difficile, la plus pénible de sa vie (*my hardest struggle*), car toute la presse, toute l'industrie du fer, après s'être montrées favorables dans l'origine, éclatèrent d'un commun accord, e violentes clameurs, déclarant le procédé tout à fait inappl cable, et comparant l'invention à un de ces météores lum neux qui, brillants au zénith, vont s'éteindre dans les tén bres de l'horizon.

On objectait que, ne pouvant fondre, même un quint de fer dans un four, il serait insensé de croire à la possibi lité de maintenir plusieurs tonnes de fer à l'état liquide dan une buanderie.

Un mémoire lu à la Société polytechnique de Liverpo signala le métal Bessemer comme cassant à chaud et à froi comme se brisant au laminoir en menus débris, à tel poin qu'il en fallait réunir les fragments au balai, et les enleve dans une pelle à poussière.

Toutefois, les nombreux détracteurs du procédé diffé raient sur les causes de l'insuccès; les uns prétendaien que le métal étant trop sec et dépourvu de laitier, ne pou vait être travaillé au marteau; d'autres l'attribuaient à l structure cristalline du métal qui, privé de fibres, man quait aussi de ténacité; d'autres enfin, les plus absolus d tous, déclaraient que le métal Bessemer étant du fer brûl ne pouvait être d'aucun usage.

M. Bessemer, tout en rendant justice à la valeur réell des hommes familiarisés avec les opérations pratiqué dans les grandes usines à fer de l'Angleterre, fut surpris d peu de valeur qu'il convient d'accorder à l'opinion de beau coup d'entre eux quand ils manquent de connaissance théoriques, et qu'il s'agit de faits étrangers à leur routine

Cherchant à combattre les principales objections, il ré pondait à la première que si, dans l'opération du pudd lage, il y a inconvénient à ne pas avoir une quantité suffi sante de laitier (*working a ball to dry*), parce qu'alors l fer se forge mal, cela provient de ce qu'au lieu d'une sub stance liquide interposée au grain du fer, il s'y trouve alor une écaille sèche qui empêche le soudage. Mais ce fait n urait se produire dans une masse compacte de métal ndu, où chacune des molécules du fer est naturellement lhérente à ses voisines.

A l'opinion que la nature cristalline de la masse et l'abnce de fibres empêchent la ténacité, il répliquait que cette oyance était fondée, d'une part, sur la constatation des ıalités du fer fibreux obtenu au puddlage ; d'autre part, r ce que les fers affinés par ce procédé doivent souvent ır aspect cristallin à la seule présence du phosphore qui minue certainement la ténacité du fer. Il ne révoquait s d'ailleurs en doute la favorable influence du martelage r la qualité du fer, notamment sur sa ténacité, influence i peut s'exercer tout aussi bien sur le métal obtenu par nouveau procédé que par le puddlage.

La plus prévalante des objections et la plus difficile à déiner, était celle qui faisait passer le métal Bessemer mme fer brûlé, en le comparant aux masses de fer qui, stinées au forgeage ou au soudage, restent trop longtemps posées à une haute température sous l'influence d'un ırant d'air. Mais cette comparaison manque de justesse mme les précédentes ; ce n'est pas, en effet, la tempérae élevée qui produit le mal, car le métal Bessemer, n préparé, suivant les procédés actuels, acquiert, après ion et solidification, soit au marteau, soit au cylindre, la ce de cohésion la plus énergique dont le fer soit capable.

Comme preuve à l'appui de sa réponse, M. Bessemer ait valoir les qualités supérieures des rails, de dimenıs habituelles, offrant les profils les plus variés, fabriės au laminoir avec des lingots obtenus dans le premier pareil d'expérimentation.

Aussi les objections élevées par des hommes qui auraient être mieux au courant du sujet n'ébranlèrent pas sa fiance, et il continua ses travaux, fermement persuadé à tout principe bon en lui-même doit correspondre un yen d'application.

Mais pour arriver à des procédés industriels, pour obteni des résultats commerciaux positifs, il rencontrait encore de nombreux et puissants obstacles, tels que :

La rapide destruction du garnissage réfractaire intérieu du vaisseau destiné à l'opération ;

La difficulté de chasser de la fonte le soufre et le phosphore ;

Le maniement de masses très-considérables de fer liquéfi à des températures jusqu'alors inconnues dans les arts ;

Enfin, le peu de temps qui s'écoule entre la productio du fer malléable liquide et sa solidification.

Et il dut consacrer à la solution de ces questions tou son temps, toute son énergie, sans entrer davantage en discussion, soit avec les journaux, soit avec une foule de correspondants anonymes qui l'inondaient de leurs objections

Quand chacun de ces derniers eut épuisé le sujet à so point de vue sans plus rencontrer de contradiction, il cess d'écrire, persuadé que l'inventeur était réduit au silenc faute de pouvoir se défendre, et se déclarait, par là même vaincu.

Cependant les expériences se poursuivaient, les appareil étaient modifiés et perfectionnés, les produits obtenus étaien soumis aux premiers chimistes de l'Angleterre pour être analysés, et quand il se fut presque épuisé en vains efforts pou chasser de la fonte le soufre et le phosphore, M. Bessem essaya l'opération sur d'excellentes fontes suédoises, entiè rement privées de ce dernier métalloïde, afin de savoi jusqu'à quel point il réussirait sans la présence de ce corp étranger.

Des lingots obtenus de cette manière à Londres dan l'appareil d'essai, furent aussitôt convertis à Sheffield e barres, et un quintal de ce produit envoyé à MM. Gallowa ingénieurs à Manchester, pour être soumis à des essais, livrés par eux, comme acier ordinaire, aux ouvriers de leu établissement. Personne n'y donna une attention particu ière, et après un mois d'usage, l'examen des outils que l'on en avait confectionnés fit déclarer ce métal équivalant aux meilleurs aciers à outils de Sheffield.

Trois ans s'étaient écoulés en recherches, en expériences, en efforts intellectuels et matériels de tous genres; dix-sept brevets avaient été pris en Angleterre et à l'étranger, de 16 à 18.000 livres sterling (400.000 à 450.000 francs) avaient été engloutis; tout le fruit des travaux antérieurs de M. Bessemer avait disparu.

Dans cette cruelle situation, M. Bessemer eut à résister aux plus instantes, aux plus tendres exhortations pour qu'il s'arrêtât et pour qu'il reconnût lui-même qu'il poursuivait une chimère, sa résistance ne trouvant d'appui que dans ses fermes convictions, dans sa persévérante énergie, et il continua ses dispendieuses expériences, semblable à Bernard Palissy jetant au four les pièces de son mobilier quand il eut épuisé sa dernière provision de bois.

Bien que l'invention fût conduite presque au contact de la perfection, tout n'était pas encore résolu; les industriels restaient sourds aux invitations d'employer les produits d'un procédé qui, aux yeux des uns, était un insuccès absolu, qui, pour d'autres, était complétement effacé de leur mémoire.

Même en Suède, on avait été si loin que le syndicat des maîtres de forges avait formellement proscrit l'emploi de ce procédé, dans la crainte qu'il ne nuisît à la bonne réputation des fers du pays.

Cependant un maître de forges suédois, intelligent et de bonne position industrielle, M. G. F. Goranson, voulant apprécier par lui-même la valeur et l'état réels de l'invention, se rendit en Angleterre, et dès qu'il l'eut étudiée, il entra en arrangements avec l'inventeur afin d'appliquer le procédé dans son pays. Les machines à vapeur et les appareils particuliers à l'invention, exécutés à Manchester, furent aussitôt envoyés en Suède, montés et mis en œuvre à l'usine de M. Goranson, à Edsken, près Fahlun. Ce fut le 5 janvier 1859 qu'eut lieu la première fonte, et si nous appuyons sur cette date, c'est qu'elle marque la dernière phase de l'invention.

En effet, le résultat de l'opération ne laissa rien à désirer le succès fut complet, la lumière s'était faite soudaine, éclatante !

Telle fut la sensation produite par cette expérience décisive, que l'industrie métallurgique de la Suède nomma une commission chargée d'examiner le procédé.

Le prince royal de Suède, prenant part à ce mouvement, se rendit à Edsken, et le rapport de la commission fut si complétement favorable que le syndicat des maîtres de forges (Jern Kontoret), revenant sur sa décision première, alla jusqu'à recommander aux forges suédoises de mettre le procédé Bessemer en pratique dans le plus bref délai.

Ce nonobstant, l'industrie anglaise demeurait insensible aux nombreux appels qui lui étaient adressés, et M. Bessemer se vit contraint d'établir à Sheffield une usine dont les aciers vendus au-dessous des prix du marché mettraient forcément en évidence des faits sur lesquels il lui semblait que l'on tenait volontairement les yeux fermés. MM. Galloway, dont il avait une première fois obtenu le concours, le secondèrent de nouveau, en essayant avec succès, pendant une seconde année, l'acier Bessemer dans leurs usines de Manchester. Enfin, quand le brevet fut à moitié de sa durée, le premier acier Bessemer parut sur le marché. C'était de l'acier en barres pour outils, vendu 44 livres sterling la tonne, alors que les prix variaient entre 56 et 70 livres sterling. A dater de ce moment, l'essor était donné, le doute n'était plus possible, et l'application en grand fut entreprise par d'importantes maisons, telles que Sir J. Brown et compagnie, MM. Cammel et compagnie à Sheffield, la compagnie des chemins de fer de Londres et

Nord-Ouest; enfin, il se forma des associations spéciales ur l'application exclusive du nouveau procédé.

Au commencement de 1868, outre les établissements que viens de citer, on comptait en Angleterre parmi les fabrints de métal Bessemer, MM. Lloyd Foster et compagnie Wednesbury, les sociétés dites Lancashire Steel comny, Manchester Steel company, toutes deux à Manster, H. Bessemer et compagnie et l'usine dite New histon Works près Sheffield, Barrow, Hematite Steel npany à Ulverston, où l'on ne compte pas moins de e convertisseurs de cinq à huit tonnes chacun, Fox et , les sociétés Bolton Steel and Iron company, Mersey el company à Liverpool, Dowlays Iron company à Mer-r-Tidwill, Ebbw-Vale Iron company à Pontypool, Rowan Glasgow. Ces quatorze usines réunissent un total de quante-six convertisseurs dont la contenance, variable e 5 et 10 tonnes forme un total de 288 tonnes, pout faire chacun en vingt-quatre heures huit opérations, ne davantage.

'introduction du procédé en France date de 1858, alors l était encore assez imparfait; elle est due à M. James son et fils à Imphy-Saint-Seurin, qui, ayant fait avec enteur des arrangements pour soumettre, dans leur e, le procédé à des essais, ont concouru à son perfecnement. Ils ont été pendant quelque temps les agents iques en France de MM. H. Bessemer et compagnie, ation dans laquelle ils sont aujourd'hui, dans une cere mesure, et jusqu'à l'expiration du brevet (*), remés par la société Boigues-Rambourg de Fourchambault. nq maisons françaises, MM. Petin, Gaudet et compaà Assailly, de Dietrich à Niederbronn, la société des eries et forges de Terre-Noire, la Voulte et Bességes, ompagnie de Châtillon-Commentry à Saint-Jacques,

---

Le brevet est pour quinze ans à dater du 13 décembre 1861.

MM. Jackson et fils, figuraient pour leurs produits Be semer à l'Exposition universelle de 1867 : la première y obtenu un grand prix, les quatre autres la médaille d'

A ces noms nous devons joindre aujourd'hui la mais Wendel à Hayange pour l'application du procédé Bessem Et en ce moment les usines françaises réunissent un to de quinze convertisseurs, dont la contenance variable en 3 et 9 tonnes forme un total de 67 tonnes.

En Autriche, l'application a été postérieure à l'expirati du brevet; introduite d'abord à l'usine de Turrach en Styr elle s'y est développée de la manière la plus remarquab Tout le monde a pu admirer à l'Exposition de 1867 les bea produits de l'usine de Neuberg, en Styrie, où, sous l'hab direction de M. de Tunner, on a établi une échelle nuances de qualités depuis l'acier malléable, dur non s dable, jusqu'au fer doux dit homogène qui ne prend p la trempe, échelle qui pourrait être partout imitée p les produits de cette importante et difficile fabricati Nous avons reçu, comme membre du jury, un tabl d'analyses, publiée pour l'Exposition par la direction Neuberg, qui permet de suivre les transformations succ sives du métal aux différentes époques de l'opération ; été inséré par M. l'inspecteur général Grüner dans le t vail susmentionné (*). On compte encore dans les Ét autrichiens parmi les fabricants de métal Bessemer usines de Wittkowitz en Moravie, de Turrach en Sty de Heft en Carinthie, celle de Reschitza dans le Ba appartenant à la société des chemins de fer de l'État, c de Grätz, propriété de la compagnie des chemins de Sud-Autriche.

Les six usines que nous venons de mentionner réu sent quatorze convertisseurs d'une contenance totale de tonnes.

(*) *Annales des mines*, 6e série, t. XII, p. 258.

Quant à la Prusse, M. Bessemer assure que l'autorité y a emis la délivrance du brevet d'un jour à l'autre, jusqu'à ce que la publication du brevet en Angleterre ait pu servir de prétexte à un refus. Et aujourd'hui, la Prusse est une des contrées où le procédé reçoit la plus grande application; car, sans parler des usines de Hœrde et de Bochum en Westphalie, de Kœnigshütte en Silésie, qui, en 1867, avaient exposé au champ de Mars des produits de leur fabrication, on peut compter M. Krupp comme un des producteurs les plus considérables d'acier Bessemer de l'Europe entière, possédant treize convertisseurs, dont plusieurs capables de produire 7 tonnes par opération, et pouvant fournir un millier de tonnes par semaine.

Trois autres usines prussiennes sont encore à mentionner parmi les fabricants de métal Bessemer, Oberhausen en Westphalie, Prœvali et MM. Pœnsgen, Giesbers et compagnie à Dusseldorf. On peut admettre que ces six usines réunissent vingt-sept convertisseurs d'une contenance totale d'environ 120 tonnes.

Tout récemment, deux convertisssurs de 3 tonnes ont été établis à l'usine de Marienhütte près Zwickau, en Saxe.

A l'Exposition de 1867, les produits de métal Bessemer de la Suède se voyaient parmi ceux des usines de Fagersta, de Siljansfors, de Carlsdal, de Longshyttan.

Dans les sept usines suédoises où le procédé se trouve appliqué, les convertisseurs sont petits, d'environ 2 tonnes; une seule, Sandviken, en a de 4 tonnes, en sorte que les quatorze convertisseurs de la Suède réunissent 32 tonnes.

En Russie, le procédé était, en 1867, à l'état d'essai aux usines de Nischné-Taguilsk appartenant au comte Demidoff, qui disposent d'excellents minerais à cet usage.

Ainsi qu'il a été dit plus haut, le succès définitif de l'invention Bessemer à l'usine Goranson date de 1859, et en moins de neuf ans le procédé s'est introduit et dévelop[pé] en Angleterre, en France, en Belgique, en Suède, en Pruss[e], en Saxe, en Autriche, en Italie, aux États-Unis, et l'[on] peut dire aujourd'hui qu'une forge de très-grande impo[r]tance dépourvue de l'appareil Bessemer, quand elle dispo[se] de minerais propres à ce traitement, attend son compl[é]ment.

Les prévisions de l'inventeur sont désormais réalisée[s] : le métal Bessemer est principalement employé en grand[es] pièces à l'état de rails, de bandages et d'essieux de loc[o]motives, de cloches, et en grandes masses telles qu'arbr[es] de couches, grandes tôles fortes, plaques de blindage; no[us] insisterons en particulier sur les pièces de canon comm[e] ayant été, on se le rappelle, le point de départ de l'inve[n]tion. On a vu sortir de l'usine d'Assailly les éperons [du] *Magenta* et du *Solferino* pesant 16 tonnes chacun. Mais [on] se sert aussi du métal Bessemer en pièces de moindre v[o]lume, pour la fabrication des tôles moyennes et fines, d[es] organes de machines, des projectiles, etc. Ce métal rem[]place avec grand avantage la fonte moulée, quand la pièc[e] exige beaucoup de résistance, comme pour les cages [de] laminoirs, les pièces de croisement des chemins de fer, l[es] roues dentées, etc.

Quant aux variétés supérieures du métal qui, par le[ur] teneur en carbone, leur dureté et la facilité avec laquel[le] elles prennent la trempe, offrent les qualités de l'acier, ell[es] sont utilisées pour la fabrication des limes, des armes bla[n]ches, de la coutellerie.

Ces différents genres de fabrication ont été naturelleme[nt] précédés d'essais. C'est ainsi qu'avant d'employer le mét[al] Bessemer en grand pour rails, la compagnie anglaise [du] North-Western avait disposé, aux stations de Crewe et [de] Camdentown, qui sont au nombre des plus actives de so[n] réseau, sur la même voie, afin d'avoir une complète iden[]tité de conditions, l'un des cours de rails en Bessemer, [

l'autre en bon fer anglais. Après deux ans et demi d'expériences comparatives, qui comprennent le passage de plus de 7 millions de wagons, les rails en fer qui étaient à double champignon symétrique, avaient été remplacés jusqu'à douze fois, après avoir été préalablement retournés, tandis que les rails en Bessemer, système Vignole, maintenaient leur surface supérieure en parfait état de service. Ces dernières avaient donc résisté autant que vingt-quatre surfaces en fer; comme les rails en fer avaient coûté 180 fr. la tonne, ceux en Bessemer 350 francs, c'est-à-dire environ le double, la résistance des rails Bessemer avait procuré, sur les douze remplacements du fer, une économie d'environ six fois la valeur de ceux-ci.

Cette expérience, considérée avec raison comme déterminante, décida la substitution du métal Bessemer au fer sur la voie dans toute l'étendue du réseau North-Western.

L'exemple fut bientôt suivi en France; dès le 6 mars 1865, la compagnie d'Orléans commandait 2.000 tonnes de rails, système Vignole, à raison de 371 francs la tonne (*), pour la section entre Murat et Aurillac, section reçue le 11 juillet 1868, et mise en exploitation peu de jours après. Dans le courant de 1867, la compagnie des chemins de fer de Paris-Lyon-Méditerranée a traité avec l'usine de Terre-Noire, près Saint-Étienne, pour 20.000 tonnes de rails au prix de 315 francs la tonne.

Et, plus récemment, d'autres compagnies françaises de chemins de fer, celle du Nord, celle du Midi, ont fait de même, principalement pour les sections à fortes rampes.

L'Exposition de 1867 offrait un assortiment presque complet d'objets fabriqués avec le métal Bessemer. La suite de lingots si variés, et de si beaux grains de Neuberg en Styrie, les canons et projectiles d'Imphy-Saint-Seurin, les rails, les bandages de roues, les essieux de MM. Petin, Gaudet et

(*) Rendu à pied d'œuvre, environ 350 francs pris à l'usine.

compagnie, de Dietrich et compagnie, de la compagnie d Châtillon-Commentry, de Bochum en Prusse, et de plusieur établissements anglais, les tôles de Neuberg, les tôles fine de Turrach remarquables par leur brillant et leur extrêm ductilité, les ustensiles de ménage exposés par l'usin dite Johann-Adolfshütte, les canons de fusil suédois, le limes, les armes blanches, la coutellerie de Neuberg et d Fagersta, formaient un ensemble des usages variés de c métal.

Après avoir exposé les circonstances de cette grande in vention, je ne saurais passer sous silence une déclaratio de M. Bessemer, constatant un fait digne d'intérêt dan l'histoire de la métallurgie, et je transcris ici, dans ce but le passage d'une lettre qu'il m'écrivait il y a peu de mois Rappelant l'origine de ses essais, quand il cherchait l perfectionnement du métal propre à la fabrication des ca nons pour le gouvernement français, M. Bessemer ajoutait « Si chez Sa Majesté l'Empereur, j'avais rencontré la mêm « absence d'encouragements que de la part de mon propr « gouvernement, très-certainement mon invention de pr « duire l'acier d'une manière économique et rapide n'au « rait jamais été faite; quelque bénéfice (et j'ose dire qu « ce bénéfice n'est pas de faible importance) que le mond « puisse tirer à l'avenir de ces inventions, elles n'auraien « jamais été réalisées sans la politique éclairée, sans l « libéralité habituelle de l'Empereur. Suivant toute pro « babilité, Sa Majesté ignorera toujours cette circonstanc « ce néanmoins, je sens que mon sincère aveu du fai « m'est tout à la fois un plaisir et un devoir (*). »

Ce serait ici le lieu de nous étendre sur le mode d'opér sur les perfectionnements introduits successivement da

(*) *And although His Majesty will probably never know this fac I nevertheless feel its mere acknowledgment is for me both duty and a pleasure.* (Lettre du 24 janvier 1868.)

les appareils, sur les propriétés des diverses nuances du métal Bessemer, si nous n'avions pas été précédé par les publications techniques déjà mentionnées plusieurs fois dans ce travail.

Nous nous bornerons à peu d'observations.

A raison de sa plus forte proportion, le carbone est l'agent calorifique le plus puissant de l'opération, mais le silicium en est certainement le plus actif et le plus favorable, et les fontes privées de ce métalloïde sont jusqu'à présent jugées impropres au bessemérage.

Le convertisseur fixe ayant les tuyères sur son pourtour n'est plus guère employé qu'en Suède, où déjà l'une des usines a établi la cornue mobile autour d'un axe horizontal et recevant le vent par le fond. (Voir Pl. I, *fig.* 4.)

Un perfectionnement notable, donnant lieu à une sensible économie de combustible, consiste à prendre la fonte liquide dans le haut fourneau, au lieu de la refondre dans un four spécial. C'est l'usine de Terre-Noire qui, la première en France, a tenté et réussi dans cet heureux changement, et si je suis bien informé, on va l'essayer à Imphy-Saint-Seurin. En Suède et en Autriche, où l'on dispose de minerais d'une pureté exceptionnelle, ce procédé est plus généralement appliqué sans aucun inconvénient pour la pureté des produits

Nous insisterons encore sur la ténacité du métal, parce qu'elle avait été fort contestée dans l'origine.

Des tableaux figurant à l'exposition suédoise contenaient à ce sujet des renseignements précieux; nous nous bornerons à rappeler des moyennes d'expériences nombreuses faites en Angleterre, principalement à Woolwich, sur le métal Bessemer préalablement soumis au travail du marteau et de la presse hydraulique. La résistance du métal par millimètre quarré y ressort, en moyenne :

	kil.
Pour le fer Bessemer à.	79,00
Pour la tôle Bessemer à.	75,00
Pour l'acier Bessemer à.	170,00

Ce sont les résistances les plus élevées obtenues jusqu'ici par le fer et ses dérivés, car les chiffres correspondants sont pour les bons fers au charbon de bois de 60 à 65 kilogr., pour les tôles de Low Moor environ 40 kilogr., pour les aciers rarement 100 kilogr.

D'après Fairbairn, les résistances à l'écrasement et à la rupture par traction ressortent en moyenne pour le métal Bessemer à 156 kilogr. et à 74 kilogr., respectivement.

Enfin, nous dirons un mot sur l'économie de la fabrication en tenant compte des qualités du métal obtenu, et faisant observer que cette économie porte principalement sur le combustible, c'est-à-dire sur celui des éléments de la métallurgie dont nous avons le plus à nous préoccuper pour l'avenir.

Le tableau ci-après permet de comparer entre eux les prix de revient du fer en barres, soit au charbon de bois, soit à la houille, de l'acier naturel obtenu par l'un et l'autre combustible, mais toujours avec de la fonte au charbon de bois, de l'acier cémenté avec du fer affiné au combustible végétal, de l'acier fondu obtenu, soit avec acier cémenté soit avec acier puddlé, et enfin le prix de revient du métal Bessemer.

Pour la fonte au bois j'ai maintenu le prix de 140 francs la tonne, afin de rendre les chiffres comparables entre eux tout en sachant que pour obtenir les bonnes qualités d'acier fondu, par exemple, on emploie des fontes beaucoup plus chères, et dont le prix en Angleterre approchait, il a six ans à peine, de 220 francs la tonne. Il sera facile au lecteur de faire les substitutions de matières premières à prix plus élevés.

Je prends les produits à l'état de gros fer ou de massiaux pour les rendre plus comparables aux lingots de métal Bessemer.

TABLEAU

DES

DÉPENSES MOYENNES APPROXIMATIVES

POUR OBTENIR

AVEC LA FONTE UNE TONNE DE 1.000 KILOG.

Dépenses moyennes approximatives pour obtenir avec la fonte une tonne de 1.000 kilog. de :

NATURE des dépenses.	A Fers en barres au charbon de bois.			B Fers en barres à la houille.			C Acier naturel au charbon de bois.			D Acier naturel puddlé.			E Acier cémenté avec fer au bois.			F Acier fondu avec acier cémenté au bois.			G Acier fondu avec acier naturel puddlé.			H Métal Bessem[er]	
	Poids.	Prix des 1.000 kil.	Valeur.	Poids.	Prix des 1.000 kil.	Valeur.	Poids.	Prix des 1.000 kil.	Valeur.	Poids.	Prix des 1.000 kil.	Valeur.	Poids.	Prix des 1.000 kil.	Valeur.	Poids.	Prix des 1.000 kil.	Valeur.	Poids.	Prix des 1.000 kil.	Valeur.	Poids.	Prix des 1.000 kil.
	kilog.	fr.	fr.	kilog.	fr.	fr.	kilog.	fr.	fr.	kilog.	fr.	fr.	kilog.	fr.	fr.	kilog.	fr.	fr.	kilog.	fr.	fr.	kilog.	fr.
Fonte	1.350	140	189,00	1.250	105	131,25	1.230	140	172,20	1.220	140	170,80	1.350	140	189,00	1.384,00	140	193,76	1.256	140	175,92	1.222,0	14[illegible]
Combustible. Charbon de bois	1.430	70	100,10	»	»	»	1.300	70	91,00	»	»	»	1.430	70	100,10	1.465,75	70	107,63	»	»	»	(9) 38,1	17[illegible]
													70	70	4,90	71,75							
Combustible. Houille	»	»	»	1.800	10	18,00	900	35	31,50	1.800	13	23,40	750	14	10,50	766,65	16	79,50	1.854	13	24,10	990.0	[illegible]
																4.200,00			4.200	16	67,20	30,7	»
Main-d'œuvre	»	»	20,00	»	»	25,00	»	»	52,00	»	»	30,00	»	»	27,50	»	»	58,19	»	»	60,90	»	[illegible]
Entretien, fournitures diverses et frais généraux	»	»	30,00	»	»	20,00	»	»	12,50	»	»	22,50	»	»	48,00	»	»	87,10	»	»	87,20	»	[illegible]
	»	(1)	339,10	»	(2)	194,25	»	(3)	359,20	»	(4)	246,70	»	(5)	380,00	»	(6)	526,18	»	(7)	415,32	»	(8[illegible]

A déduire pour scrapes. . . . .

A ajouter l'indemnité du brevet.

(1) Il s'agit ici de très-bons fers de Franche-Comté. Nous avons maintenu pour le prix de 140 fr. la tonne de fonte et de 70 fr. la tonne de charbon de bois pour les procédés de fabrication C, D, E, F, G, H, afin de rendre les chiffres comparables entre eux.

(2) Ce sont les chiffres donnés par M. l'inspecteur général Grüner dans son cours de métallurgie à l'École des mines; ils s'appliquent au gros fer marchand dans les forges de la Loire.

(3) Chiffres extraits du *Voyage métallurgique en Angleterre*, par MM. Grüner et Lan, p. 743; mais nous avons maintenu les prix de 140 fr. et 70 fr. pour la tonne de fonte et de charbon de bois, afin de rendre les valeurs comparables à celles des autres procédés résumés sur ce tableau. Il s'agit ici de la méthode Rivoise et d'aciers ébauchés.

(4) Fabrication de l'acier puddlé en massiaux dans la Loire. Chiffres extraits de l'ouvrage de MM. Grüner et Lan.

(5) Chiffres extraits du cours de métallurgie de M. Grüner, en substituant au fer la fonte (procédé A) et les chiffres qui s'y rapportent; c'est de l'acier commun.

(6) Chiffres extraits du cours de M. Grüner et du *Voyage métallurgique*; on a admis [illegible] sommation de 1.025 d'acier cémenté par tonne d'acier fondu. A l'acier cémenté consom[illegible] substitué la fonte et les dépenses en combustibles, main-d'œuvre, frais généraux et d'[illegible] nécessaires pour obtenir cet acier en lingots. C'est de l'acier très-ordinaire, les qualit[illegible] rieures exigent des fontes plus chères.

(7) Même observation que ci-dessus; on a admis à la fusion 3 p. 100 de déchet. C'est [illegible] en lingots et de qualité ordinaire.

(8) Roulement d'une usine pendant un mois où il n'y a eu ni rebuts ni opérations m[illegible] Ce prix de revient, qui se rapporte à des lingots pour rails, ne comprend pas la redevan[illegible] vendeur qui est de 50 fr. par tonne. Le chiffre 30k,7 de houille correspond à 22 kilog. [illegible] coke employé au chauffage préalable des appareils.

(9) Il s'agit ici de 38k,1 de ribions.

La simple inspection de ce tableau nous apprend que, de tous les procédés d'affinage, celui de M. Bessemer exige la plus faible dépense de combustible, celle de la houille employée à la fusion de la fonte consommée, et au moteur des machines soufflantes.

Quant au prix de revient de la tonne produite, celui du métal Bessemer est le plus faible, à l'exception de celui du puddlage; mais, dans ce dernier cas, l'excédant de dépense est bien plus que compensé par la qualité du métal obtenu.

Et maintenant que nous avons fait ressortir l'importance de l'invention et le mérite des perfectionnements introduits dans le mode de procéder, nous ne saurions dissimuler que cette méthode de traitement n'a pas encore dit son dernier mot, car jusqu'aujourd'hui, le procédé Bessemer n'est applicable qu'aux fontes dépourvues d'aluminium, de soufre et de phosphore, ce dernier corps surtout est retenu presqu'en totalité dans le métal donné par le nouveau procédé. Si l'on analyse en effet les laitiers provenant du traitement d'une fonte renfermant une certaine teneur en phosphore, on les en trouve presque entièrement dépourvus et la presque totalité du phosphore reste concentrée dans la masse métallique (*). Or il est connu qu'un millième de soufre ou de phosphore suffit pour rendre l'acier cassant à chaud avec le premier de ces métalloïdes, cassant à froid avec le second.

De nombreux essais tentés en vue de l'expulsion du phosphore à l'état d'hydrogène phosphoré sont restés sans résultat; quand on emploie la vapeur d'eau, elle refroidit le bain métallique; quand on fait usage de gaz permanents, tels que l'hydrogène carburé, ils restent sans efficacité.

De là résulte que, jusqu'aujourd'hui, les minerais les plus purs sont seuls propres à la fabrication du métal Bessemer, inconvénient majeur, puisqu'il conduit à une trop

---

(*) Voir les analyses citées ci-dessus, publiées par la direction de Neuberg.

forte consommation de minerais de qualité supérieure. Cet inconvénient a une grande importance pour la métallurgie française, parce qu'il exclut de l'emploi, entre autres, ces énormes gîtes de fer hydroxydé oolithique formant la principale ressource en minerai de fer dans plusieurs de nos départements de la Lorraine, de la Franche-Comté et de la Bourgogne.

Pour donner une idée de la consommation des minerais de qualité supérieure, il suffira de rappeler que le nombre total des convertisseurs fonctionnant aujourd'hui en Angleterre, en France, en Autriche, en Prusse, en Saxe, en Suède (*) s'élève déjà à 128, réunissant une contenance totale de 555 tonnes environ (**). Si l'on admet une moyenne de quatre opérations pendant trois cents jours de l'année, on arrive à une production totale annuelle de 666.000 tonnes de métal Bessemer, exigeant l'emploi d'environ 814.000 tonnes de fonte correspondant à une consommation d'environ 1.628.000 tonnes de minerai.

Il y aurait aussi à perfectionner les lits de fusion des hauts fourneaux de telle sorte que l'on puisse plus généralement prendre la fonte directement au sortir du creuset sans avoir à la refondre pour l'écouler dans le convertisseur.

Il resterait aussi à transporter du domaine de l'essai dans celui de la grande fabrication le laminage direct du métal fondu, procédé qui permettrait d'obtenir des plaques d'acier ou des tôles ayant des dimensions théoriquement illimitées.

Quoi qu'il en soit des perfectionnements que l'avenir nous réserve, un procédé de fabrication aussi simple dans son principe, aussi varié dans ses résultats, au moyen

(*) Je manque de renseignements au sujet de la Russie, de l'Italie et des États-Unis.

(**) Le chiffre exact de la production de 1867 en France a été de 19.942 tonnes provenant de 24.189 tonnes de fonte, et cette production a beaucoup augmenté dans l'année 1868; elle s'élève aujourd'hui à près de 3.000 tonnes par mois.

duquel on obtient des masses énormes d'un métal entièrement pur de laitier et de scories, produisant depuis les aciers les plus durs, à peine soudables, jusqu'au fer doux qui ne prend plus la trempe, suivant la minute à laquelle on s'arrête, ou suivant le degré de carburation restitué en terminant l'opération, procédé capable de satisfaire économiquement à presque tous les usages auxquels on emploie le fer, l'acier, et même la fonte, est certainement une des inventions les plus considérables de la métallurgie moderne.

Une des qualités saillantes de cette méthode de fabrication est qu'elle met en œuvre l'intelligence plus que les forces physiques; des réactions chimiques y remplacent le pénible travail du forgeron ou du puddleur, les manœuvres s'y font à la machine, surtout à la presse hydraulique ; une observation intelligente fait connaître au maître-ouvrier la marche de l'opération et le moment de l'arrêter.

J'ajouterai que la simple vue de ces opérations, où des convertisseurs contenant jusqu'à 12 tonnes de métal en état de fluidité sont maniés avec une facilité, une sûreté et une régularité sans égales, est bien propre à faire impression et à révéler la grandeur de la puissance intellectuelle.

Juillet 1868.

LÉGENDE.

A. Coupe du convertisseur pendant l'opération.
B. Coupe du convertisseur pendant la coulée.
A', B'. Élévation du convertisseur dans ces deux positions.
C, C'. Poche de coulée; *a*, *a'*, trou que l'on débouche au moyen du mécanisme *b* pour remplir les lingotières.
D, D'. Appareil destiné à imprimer à la poche un mouvement circulaire qui la fait passer au-dessus d'une rangée de lingotières enfoncées dans le sol, et figurées au plan en E, F, G.
K K. Section de la conduite du vent K, L, M; le vent atteint le convertisseur en traversant l'axe de rotation L et pénètre en M dans la boîte à vent.

Extrait des *Annales des mines*, tome XIV, 1868.

Paris. — Imprimerie de Cusset et Cᵉ, rue Racine, 26.

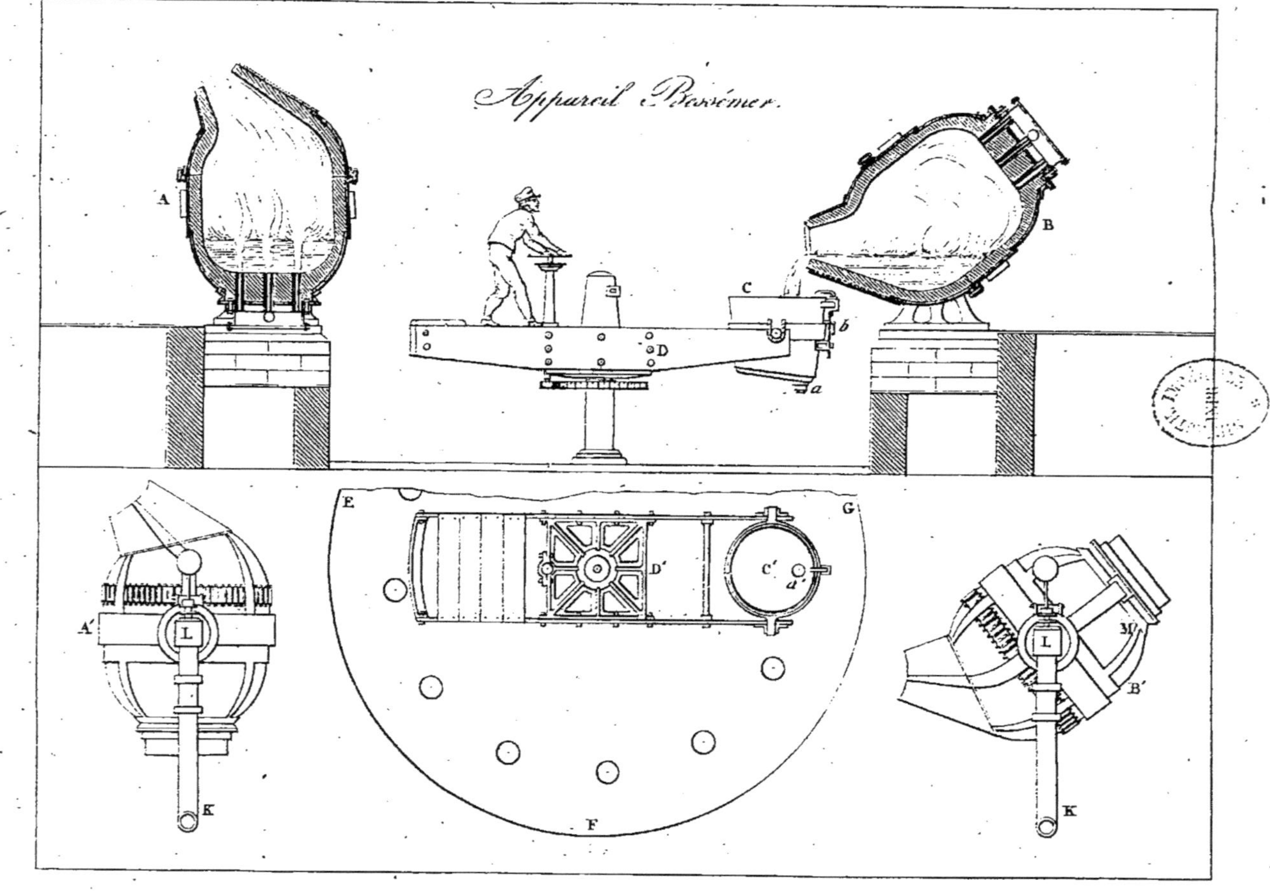
Appareil Bessémer.
A
B
C
b
D
a
A'
L
K
E
G
D'
C'
a'
F
M'
B'
L
K

www.ingramcontent.com/pod-product-compliance
Ingram Content Group UK Ltd.
Pitfield, Milton Keynes, MK11 3LW, UK
UKHW020221200726
13856UKWH00004B/1532